Himani Rawat

# Manual de Cultivo do Cogumelo Ostra

Himani Rawat


# Manual de Cultivo do Cogumelo Ostra

## em diferentes substratos e análises fitoquímicas


ScienciaScripts

**Imprint**

Any brand names and product names mentioned in this book are subject to trademark, brand or patent protection and are trademarks or registered trademarks of their respective holders. The use of brand names, product names, common names, trade names, product descriptions etc. even without a particular marking in this work is in no way to be construed to mean that such names may be regarded as unrestricted in respect of trademark and brand protection legislation and could thus be used by anyone.

Cover image: www.ingimage.com

This book is a translation from the original published under ISBN 978-613-8-91575-1.

Publisher:
Sciencia Scripts
is a trademark of
Dodo Books Indian Ocean Ltd., member of the OmniScriptum S.R.L Publishing group
str. A.Russo 15, of. 61, Chisinau-2068, Republic of Moldova Europe
Printed at: see last page
**ISBN: 978-620-4-13582-3**


Copyright © Himani Rawat
Copyright © 2021 Dodo Books Indian Ocean Ltd., member of the OmniScriptum S.R.L Publishing group

Manual de cultivo de pleurotos em diferentes substratos e análise fitoquímica.

# Índice

# LISTA DE ABREVIATURAS

- ✓ MUFA: Ácidos gordos monoinsaturados
- ✓ PUFA: Ácido graxo polinsaturado
- ✓ H2SO4: Ácido sulfúrico
- ✓ NaOH: hidróxido de sódio
- ✓ Psi: Força da libra por quadrado

# INTRODUÇÃO

# <u>Introdução</u>

A Índia tem condições climáticas e solos favoráveis para o cultivo de numerosas culturas hortícolas, tais como frutas, legumes, batatas, plantas tuberosas tropicais, cogumelos, plantas ornamentais, plantas medicinais e aromáticas, especiarias e culturas de plantação, tais como cocos, nozes de areca, caju, cacau, chá, café e borracha.

Logo após a independência, a Índia enfrentou o desafio de alimentar milhões de pessoas. As iniciativas de pesquisa e desenvolvimento tomadas pelo governo indiano levaram à Revolução Verde no final da década de 1960 e início da década de 1970. No entanto, só em meados dos anos 80 é que o governo indiano reconheceu o sector hortícola como um meio de diversificação para tornar a agricultura mais viável através do uso eficiente da terra, da utilização óptima dos recursos naturais e da criação de empregos qualificados para a população rural, especialmente para as mulheres.

A consciência dos benefícios da horticultura está crescendo, e à medida que o status sócio-econômico das pessoas aumenta, também aumentará a importância da horticultura. O seu papel na segurança alimentar do país, no alívio da pobreza e na criação de emprego está a tornar-se cada vez mais importante.

Um exemplo de horticultura que oferece às pessoas uma gama de oportunidades e também contribui para a elevação da economia indiana é o cultivo de cogumelos. Os cogumelos têm sido usados como alimento desde tempos imemoriais. Eles são considerados uma iguaria. De um ponto de vista nutricional, os cogumelos estão entre a carne e os legumes. Eles são ricos em proteínas, carboidratos e vitaminas. Os cogumelos têm baixo teor calórico e por isso são recomendados para doentes cardíacos e diabéticos. Em comparação com cereais, frutas e vegetais, eles são ricos em proteínas. Além de proteínas (3,7%), contêm também hidratos de carbono (2,4%), gordura (0,4%), minerais (0,6%) e água (91%) com base no peso fresco. Os cogumelos contêm todos os nove aminoácidos essenciais que os humanos precisam para o crescimento. Os cogumelos são uma excelente fonte de tiamina (vitamina B1), riboflavina (B2), niacina, ácido pantoténico, biotina, ácido fólico, vitaminas C, D, A e K, que são retidas mesmo após a cozedura. Como os cogumelos são pobres em calorias, ricos em proteínas e fibras e têm uma elevada relação K:Na, são ideais para diabéticos e doentes hipertensivos. Também se diz que eles têm um efeito anticancerígeno.

A Índia é principalmente um país agrícola abençoado com um clima agrícola variado, abundância de resíduos agrícolas e mão-de-obra, o que o torna muito adequado para o cultivo de todos os tipos de cogumelos das zonas temperadas, subtropicais e tropicais. Pode ser praticado de forma rentável por agricultores sem terra, jovens desempregados e outros empresários. Em comparação com outras culturas agrícolas, o cultivo de cogumelos requer menos terra e basicamente tem lugar dentro de casa. São as ferramentas ideais para a reciclagem de resíduos agrícolas que de outra forma poderiam ser um problema de eliminação e poluição atmosférica. Portanto, o cultivo de cogumelos não é apenas de importância económica, mas também desempenha um papel importante no programa de desenvolvimento rural integrado, aumentando as oportunidades de rendimento e auto-emprego para os jovens das aldeias, mulheres e donas de casa, tornando-os financeiramente independentes.

## História do cultivo de cogumelos na Índia

O cultivo de cogumelos comestíveis na Índia é um desenvolvimento recente, embora os métodos de cultivo de alguns cogumelos sejam conhecidos há muitos anos. Os desenvolvimentos históricos mais importantes no cultivo de cogumelos comestíveis estão listados abaixo:

**1886**: N.W. Newton cultiva alguns espécimes de cogumelos e exibe-os na Exposição Anual de Agricultura e Horticultura na Índia.

**1896-97**: O Dr. B.C. Roy da Faculdade de Medicina de Calcutá realizou uma análise química dos fungos locais encontrados em cavernas ou minas.

**1908**: Sir David Pain iniciou uma busca exaustiva por cogumelos comestíveis.

**1921**: Bose conseguiu cultivar dois ágarides em um meio esterelizado; detalhes foram publicados no Congresso de Ciências da Índia, em Nagpur, em 1926.

**1939-45**: Os ensaios experimentais de cultivo de cogumelos palha de arroz (Volvariella) foram realizados pela primeira vez pelo Ministério da Agricultura em Madras.

**1941**: Padwick relatou o sucesso do cultivo de Agaricus bisporus em vários países, mas sem muito sucesso na Índia.

**1943**: Thomas et al. deram detalhes sobre o cultivo de cogumelos palha de arroz (V. diplasia) em Madras.

**1947**: Asthana relatou melhores rendimentos de cogumelos de palha de arroz, adicionando dal vermelho em pó às camas. Ele sugeriu April-Junho como o momento mais adequado para o cultivo deste cogumelo nas províncias centrais e também realizou uma análise química do mesmo.

**1961**: Um programa intitulado "Development of Mushroom Cultivation in Himachal Pradesh" foi lançado em Solan pelo Governo do Estado de H.P. em colaboração com a I.C.A.R.

**1962**: Bano et al. obtiveram um maior rendimento de Pleurotus sobre palha de arroz.

**1964**: O cultivo experimental do Agaricus bisporus foi iniciado pelo CSIR e pelo Governo do Estado de J&K em Srinagar.

**1965**: Dr. E.F.K. Mantel, F.A.O., Perito em Cogumelos, dirigiu e assistiu o Departamento de Agricultura na construção de um moderno laboratório de desova e de uma casa de cogumelos totalmente climatizada. Foram realizadas pesquisas sobre a avaliação de diferentes linhagens e sobre a utilização de diferentes resíduos agrícolas, adubos orgânicos e fertilizantes para a produção de composto sintético. O trabalho de consultoria do Dr. Mantel terminou após um período de 7 anos.

**1974:** Dr. W.A. Hayes, F.A.O., especialista em cogumelos, melhorou o método de compostagem, pasteurização e gestão de parâmetros importantes na casa do cogumelo. Novas formulações de composto, materiais de revestimento e parâmetros importantes como teor de nitrogênio no composto, umidade na mistura do revestimento, movimento do ar e manutenção de fatores ambientais adequados também foram padronizados, aumentando o rendimento de cogumelos de 7 para 14 kg/m2.

**1977:** O Ministério da Horticultura (HP) lançou um projeto de 1,27 milhões de euros para desenvolver cogumelos como parte do projeto U.N.D.P., utilizando os serviços de James Tunney. Ele mandou construir uma câmara de pasteurização em massa e forneceu aos produtores HP terra de compostagem e invólucros prontos. O projeto U.N.D.P. foi concluído em 1982 e desde então o Departamento de Horticultura (HP) tem gerenciado o projeto.

**1982**: O Conselho Indiano de Pesquisa Agrícola (ICAR) aprovou a criação do Centro Nacional de Pesquisa e Treinamento de Cogumelos (NCMRT) em 23 de outubro de 1982 sob o VI Plano com o objetivo de conduzir pesquisas sobre a produção, preservação e uso de cogumelos e dar treinamento a cientistas, professores, extensionistas e agricultores interessados.

**1983**: O Projeto Coordenado de Todos os Cogumelos da Índia (AICRPM) foi lançado no âmbito do VI Plano Quinquenal em 01.04.1983 e está baseado no Centro Nacional de Pesquisa de Cogumelos, atualmente a Diretoria de Cogumelos.

Actualmente, existem dez centros coordenadores e um centro cooperante em 11 Estados a trabalhar no âmbito da AICRPM. Destes, nove centros estão localizados em universidades agrícolas estatais e dois em institutos do ICAR.

<u>**Cogumelo ostra**</u>

**1917**: Falck descreve o primeiro cultivo bem sucedido de Pleurotus ostreatus.

**1951**: Lowhag foi o primeiro a cultivar Pleurotus em misturas de serradura.

**1962**: Bano e Srivastava relataram a produção em massa em substratos à base de palha e o seu trabalho abriu caminho para o uso comercial em larga escala.

# ÍNDICE

# Revisão literária

## Introdução geral do cogumelo ostra

O nome científico do cogumelo ostra é Pleurotus ostreatus. O Pleurotus ostreatus é um cogumelo comestível comum ou também chamado de cogumelo comestível. Foi cultivada pela primeira vez na Alemanha durante a Primeira Guerra Mundial. Pleurotus ostreatus pertence à família Pleurotaceae, o reino do cogumelo ostra é Fungos, a sua classificação superior é Pleurotus e pertence à classe Agaricomycetes.

Na Índia, os cogumelos ostra são chamados dhingri. Os cogumelos ostra são uma boa fonte de alimento. Também contém muitas proteínas dietéticas. Tem a capacidade de converter resíduos lignocelulósicos em um alimento de alta qualidade. Pela primeira vez na Alemanha, o pleuroto foi cultivado em tocos ou troncos de árvores. Os pleurotos podem ser cultivados a uma temperatura de 20 a 25 graus Celsius e a uma humidade relativa de 80 a 90 %.

Na Índia, o pleuroto é cultivado em Delhi, Andhra Pradesh, utter Pradesh e Goa.

| Sr. No. | Nutrient | Quantity |
|---|---|---|
| 1. | Water | 76.69 gm |
| 2. | Enegry | 28 kcl |
| 3. | Protein | 2.85 g |
| 4. | Lipid(Fat) | 0.35 g |
| 5. | Ash | 0.87 g |
| 6. | Carbohydrate | 5.24 g |
| 7. | Fiber | 2.0 g |
| 8. | Sugar | 0.95 g |

## Valor nutritivo do cogumelo ostra

Os cogumelos ostra têm muitas espécies, algumas delas são Pleurotus Florida, Pleurotus eous.

## Cultivo

Como sabemos, os cogumelos são cultivados em todo o mundo, por isso existem diferentes práticas de cultivo de cogumelos em diferentes países e fases. Diferentes substratos são utilizados para o cultivo de cogumelos em todo o mundo. Os substratos utilizados para o cultivo de pleurotos são substratos orgânicos que contêm resíduos celulósicos recolhidos nas quintas. O micélio pode crescer sobre estes resíduos. Alguns dos substratos utilizados para a produção de pleurotos são serradura e farelo de arroz ou farelo de trigo, palha de arroz e farelo de arroz, palha de trigo e farelo de trigo. A preparação do composto para o cultivo de pleurotos é o passo mais importante, pois o composto utilizado deve estar livre de qualquer tipo de contaminação, caso contrário todo o composto será contaminado. Por esta razão, todo o substrato é completamente pasteurizado antes da compostagem para que se torne livre de micróbios indesejáveis. A imersão prolongada de substratos em água e o tratamento com Benomyl (0,06 g/L) podem reduzir/suprimir o risco de contaminação, tais como Trichoderma spp.

## produção de semente

As sementes de arroz ou de trigo em que o micélio está totalmente desenvolvido e estabilizado são utilizadas como semente. Todo o processo de preparação da semente é realizado em um estado totalmente esterilizado. As outras sementes utilizadas para a preparação da semente do cogumelo são

vários portadores que podem ser utilizados para a desova, incluindo grãos de trigo [40] e sorgo.

## Período de desova e incubação

A qualidade da semente é influenciada por vários factores,

incluindo a humidade, a temperatura, o substrato utilizado e as espécies de ostras capturadas. O substrato de desova é armazenado numa sala escura a uma temperatura entre 25 e 30 °C, o que é óptimo para o crescimento micelial da maioria das Pleurotus spp. Dependendo do substrato e de Pleurotus spp., demora de três a cinco (3-5) semanas para o micélio colonizar completamente o substrato.

## Doenças e perdas em cogumelos ostra

Existem várias doenças como o bolor verde (Trichoderma spp.), a mancha castanha (Pseudomonas spp.) e a teia de aranha (Cladobotryum spp.) que são conhecidas por limitarem a produção de pleurotos e causarem grandes perdas de rendimento.

Foram efectuados vários testes entre as espécies de cogumelos selvagens e comerciais, tais como a determinação das propriedades, gorduras, cinzas e hidratos de carbono por HPLC, e verificou-se que as espécies de cogumelos selvagens são menos ricas em energia do que as espécies de cogumelos comerciais. Verifica-se também que as espécies de cogumelos comuns ou comerciais têm um maior teor proteico e uma menor concentração de gordura. Os cogumelos comerciais também têm uma maior concentração de açúcar, enquanto as espécies de cogumelos selvagens têm níveis mais baixos de MUFA, mas níveis elevados de PUFA. A concentração de gama-tocoferol também é maior nas espécies de cogumelos selvagens. Além disso, os cogumelos silvestres têm uma alta concentração de fenol e um baixo teor de ácido ascórbico. Também se descobriu que tanto os cogumelos selvagens como os comerciais não têm diferenças nas suas propriedades antimicrobianas.

Este artigo prova que os polissacarídeos bioativos de fungos, principalmente da família dos basidiomicetos, têm sido utilizados como alimento em diferentes partes da Ásia por muitos anos. Muitos polímeros extraídos do fungo são usados como agentes anticancerígenos, imunoestimulantes ou drogas profiláticas, já que muitos destes polímeros são extraídos de fungos comestíveis. Isso o torna um candidato muito bom para a formulação de novos alimentos funcionais e nutracêuticos. Como esses biopolímeros são extraídos de fungos comestíveis, há menos preocupações com a segurança. Estes biopolímeros são utilizados nas áreas de anticancerígenos, antimicrobianos, hipocholesterolemia e hipoglicémia.

Os fungos têm vários componentes, dos quais as lectinas são utilizadas como substratos no tratamento do cancro. As lectinas são proteínas ou glicoproteínas que não são de origem imunológica. Quase todos os lectins têm domínios não-catalíticos que se ligam reversivelmente a sítios específicos sobre monossacarídeos. As lectins reconhecem componentes de açúcar presentes na parede celular e na membrana celular. As lectinas são agentes antitumorais, induzindo a apoptose através de vários mecanismos.

Os cogumelos têm sido usados como alimento desde os tempos antigos. Na história grega, acreditava-se que os cogumelos davam poder e força aos guerreiros em batalha. E os romanos também deram outro nome ao cogumelo, nomeadamente "alimento dos deuses". Os cogumelos têm sido cultivados em diferentes partes do mundo há muito tempo. Em geral, os cogumelos sempre foram importantes para a saúde, uma vez que têm capacidades e propriedades curativas na medicina tradicional.

## Definição de objectivos e metas

**Objectivo**: Cultivo de cogumelos ostra usando diferentes substratos, teste fitoquímico e actividade antimicrobiana de cogumelos button e ostra.

**Objectivo:** Preparação da desova

- Cultivo de fungos em diferentes meios de cultura.
- Verificação das suas actividades antimicrobianas.
- Análise fitoquímica

## Material necessário

- Desova
- Grãos em casca
- Autoclave
- Banho de água
- Termómetro
- Incubadora
- LAF
- Strew
- O polipropileno pede
- Algodão
- Tubos de cultura
- placa de Petri
- Vareta de vidro
- Inoculation loop

## Produtos químicos necessários

- Carbonato de Cálcio
- ácido pícrico
- Vinagre glaciar
- $FeCl_3$
- Conc. $H_2SO_4$
- Clorofórmio
- reagente Molisch
- reagente de ninidrina
- Água bromada
- NaOH

# Tecnologia

- Compostagem
- Desova
- Poda
- Testes antimicrobianos
- Teste fitoquímico

# CAPÍTULO:1

## Compostagem

Os cogumelos são o único produto comestível produzido a partir de resíduos agrícolas. Por outras palavras, os cogumelos são um bom exemplo de biotecnologia alimentar de fermentação, que converte um substrato de baixo custo, nomeadamente os resíduos agrícolas, num produto caro e valioso, nomeadamente os cogumelos.

O composto é produzido em duas etapas, fase 1 e fase 2

> Fase 1: Na fase 1, todo o substrato utilizado para a produção de composto é recolhido e limpo. O gesso é então adicionado na fase inicial da preparação do composto. O gesso é adicionado ao composto para manter a humidade no composto. Todos os outros parâmetros como a necessidade de CO2, temperatura e teor de nitrogênio são mantidos no nível correto para um bom crescimento fúngico.
>
> Depois o substrato é movido para uma sala escura e deixado lá por dias até que o composto esteja pronto.

- **É assim que você pode** dizer se o nosso composto está pronto:

*J* **A mistura é castanha escura e tem um cheiro adocicado.**

*J* **e macio e maleável e quebra de grumos**

**Fácil de separar**

*J As* **matérias primas podem absorver água**

*J O* **teor de umidade do composto está entre 68 e 74 %.**

Se todos estes parâmetros forem cumpridos, a fase 1 é considerada concluída. Depois disso vem a fase 2.

Fase 2: Começa com a técnica de pasteurização, onde o substrato é rapidamente aquecido e resfriado. A pasteurização é realizada durante 7 dias até que o NH3 volátil não seja mais completamente removido do ar no qual o substrato é mantido. A pasteurização mata quaisquer micróbios desnecessários que possam causar contaminação do substrato. Após a fase 2 estar concluída, o nosso composto está pronto para o cultivo de cogumelos.

O procedimento, que é realizado por nós em condições estéreis no laboratório, é o seguinte

- Para o cultivo ou produção de cogumelos ostra, utilizamos três tipos diferentes de resíduos vegetais, nomeadamente cascas de arroz, cascas de trigo e resíduos hortícolas.
- Primeiro, todos os três substratos (casca de arroz, casca de trigo e resíduos hortícolas) são colocados num recipiente e autoclavados. (durante 30 minutos a 121 graus Celsius e 15 psi). Isto deve matar quaisquer outros micróbios presentes no substrato e torna-se livre de micróbios.
- Agora adicione um pouco de água autoclavada ao substrato para humedecê-lo. Adicione água até que todo o substrato esteja completamente molhado.
- Agora divida o substrato em três recipientes de polipropileno separados. Um contém apenas as cascas de arroz, o segundo apenas as cascas de trigo e o terceiro contém cascas de arroz, cascas de trigo e resíduos hortícolas.

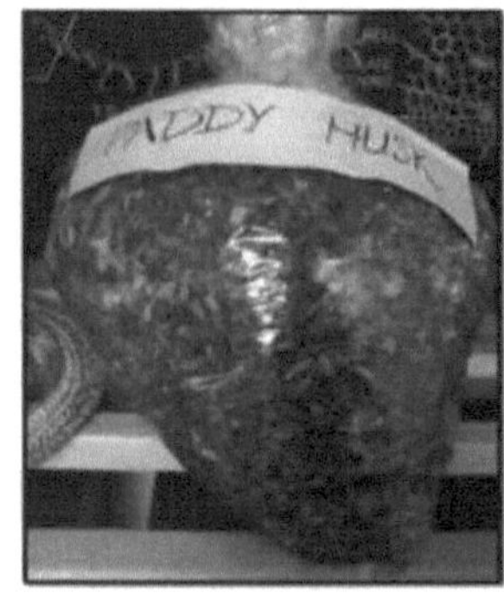
PADDY HUSK
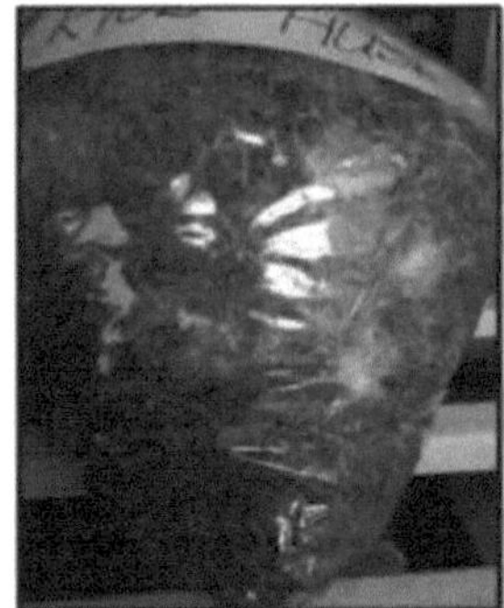

# Capítulo:2

## Procedimento passo a passo para a produção de composto.

Três substratos (cascas de arroz, cascas de trigo,

Os resíduos hortícolas) são recolhidos

Limpar os três substratos

Coloque o substrato inteiro em diferentes recipientes autoclavados.

e autoclavou-o

Durante 15 minutos a 121 graus Celsius e 15 psi

Agora deixa a mistura arrefecer.

Adicionar gesso

Adicionar água autoclavada

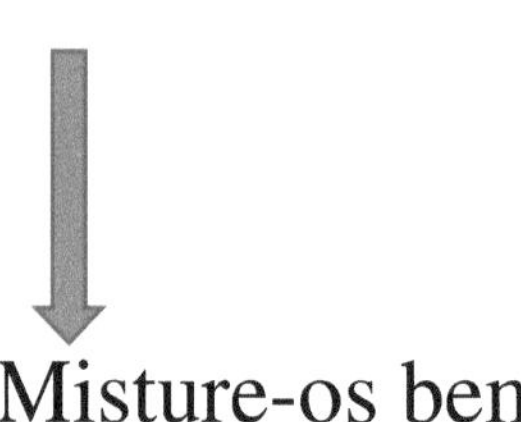

Misture-os bem

# CAPÍTULO:3

## Desova

A desova é uma técnica para a produção de culturas para o cultivo de cogumelos.

Primeiro, o grão de trigo é fervido em água até se dividir ao meio, depois os grãos são autoclavados para que fiquem livres de impurezas.

O próximo passo é adicionar o inóculo. Para isso, primeiro cultivar o tecido fúngico no meio em condições saturantes, quando o micélio tiver crescido no meio, depois inocular esse micélio no trigo já autoclavado.

O passo final é a adição de carbonato de cálcio para garantir que a semente esteja livre de impurezas.

Agora espera até que o micélio tenha crescido completamente sobre as sementes de trigo. Isto vai ter de ser aprovado. Demora 15 a 20 dias. Depois disso, a nossa ninhada está pronta para o composto.

# Capítulo:4

## Preparação de polipropileno implora para o cultivo de ostras



Primeiro, os três substratos (casca de arroz, casca de trigo, resíduos hortícolas) são divididos.

Pegue o polipropileno implorar

Reduzir pela metade

Adicionar uma camada de substrato na base

a segunda camada é constituída pela semente

A terceira camada consiste novamente em composto que preparamos de antemão.

A quarta camada é constituída por Spawn

Aqui, também, a camada de compostagem

Agora empacote o mendigo e coloque lã de algodão na abertura do mendigo.

Loosely pack the Polypropylene begs with cotton on the mouth of the beg

With the break of every 2 days pore some autoclaved water on the cotton at the mouth of the beg

We pore water to maintain the moisture level in the begs.

Leave the begs for 5 to 6 days

Pegue um objeto pontiagudo que você esterilizou com 70% de etanol e buracos de picar nas bandejas de polipropileno em intervalos.

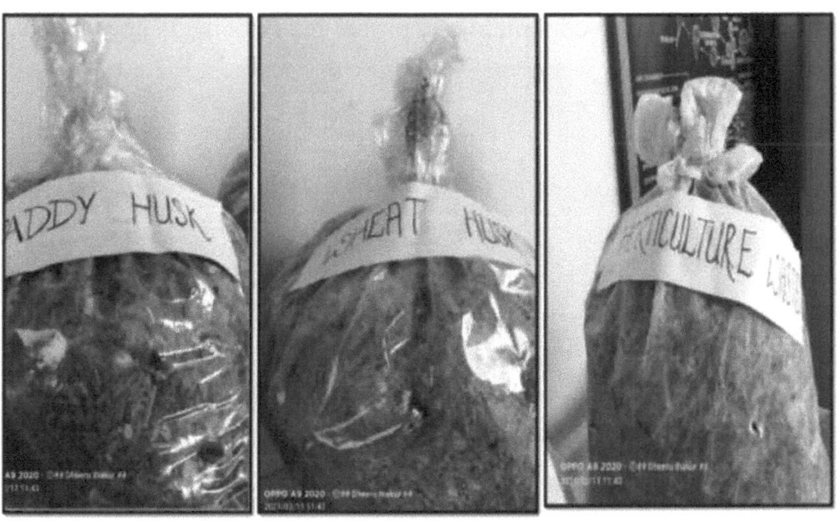


Depois dos buracos, os pedidos ficarão assim

# CAPÍTULO:5

## Poda

A colheita é a última fase do cultivo dos cogumelos, após a qual começamos a extrair os cogumelos do composto.

O cogumelo ostra pode crescer a temperatura moderada

A temperatura está entre 20 e 300 °C e a humidade entre 55 e 70 % durante um período de 6 a 8 meses por ano. Também pode ser cultivado no verão se você lhe der a umidade extra necessária para crescer. Depois de preparar o cultivo, é preciso esperar pela colheita. Assim que a frutificação começa, o cogumelo está pronto para a colheita após 2 dias.

Resultado: A palha de trigo é o primeiro substrato em que crescem os primeiros fungos, seguido pelos resíduos hortícolas e, finalmente, a palha de arroz. O cogumelo palha de trigo está completamente maduro em dois dias, enquanto o cogumelo palha de arroz precisa de três dias para estar completamente maduro, e os resíduos hortícolas também estão completamente maduros em dois dias.

# CAPÍTULO:6

## Preparação de reagentes para testes antimicrobianos

**Preparação de outros componentes necessários para a atividade antimicrobiana**

1. Preparação da pasta de cogumelos

Esterilizar o cogumelo e o pilão de argamassa com etanol a 70%.

Triturar o cogumelo na argamassa

Adicionar 100 ml de água destilada esterilizada

Filtrar o substrato com papel de filtro Wattmann

Recolha o filtrado num tubo falcão (armazenar a 4 graus Celsius).

2. Preparação do ágar nutriente

Preparar 100 ml de NAM (0,5 g de NaCl, 0,3 g de carne e extrato de levedura, 0,5 g de peptona, ajustar o valor de Ph para 7,2 e 2% de ágar)

Pegue 4 placas Patri

Autoclave tanto a placa NAM como a placa Patri

Deixe a placa para arrefecer na autoclave durante 10 minutos.

Quando o NAM pode ser tocado com a mão do urso

Verter o NAM para a placa Petri autoclavada

3. <u>Preparação do caldo de nutrientes</u>

Preparar 25 ml de caldo de NAM (0,5 g de NaCl, 0,5 g de peptona, 0,3 g de carne e extracto de levedura).

Pegue quatro tubos de cultura

Autoclave tanto de caldo como de tubos de cultura

Tomar 4 bactérias, 2 gramas-positivas e 2 gramas-negativas.

Inocular as bactérias no tubo de cultura usando um laço de inoculação estéril.

Coloque o vaso de cultura em uma incubadora agitada durante a noite.

4. <u>Difusão do caldo de cultura</u>

Retirar 100 micropipetas do caldo com a micropipeta


Espalhe o caldo na placa de cultura NAM (previamente preparada) usando uma vareta de vidro estéril em forma de L.


Faça o recesso (4) na placa NAM


Verter o filtrado de cogumelos previamente preparado


Incubar a placa de Petri na incubadora


Observe a zona de inibição.

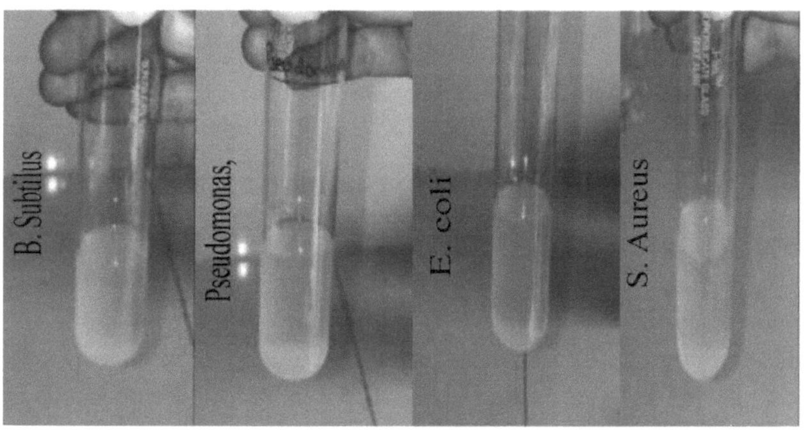

**Culture broth**

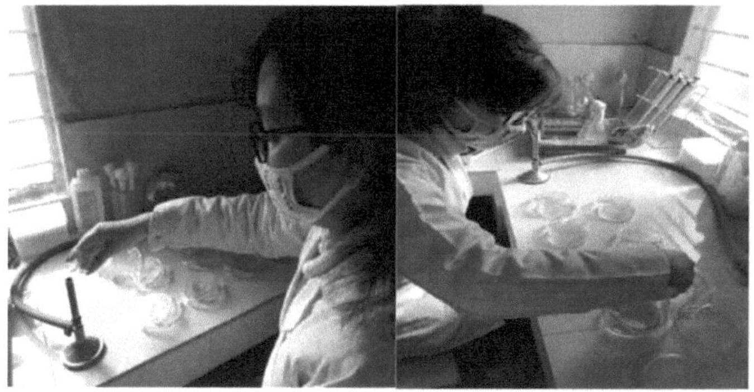

**Poring (NAM)**

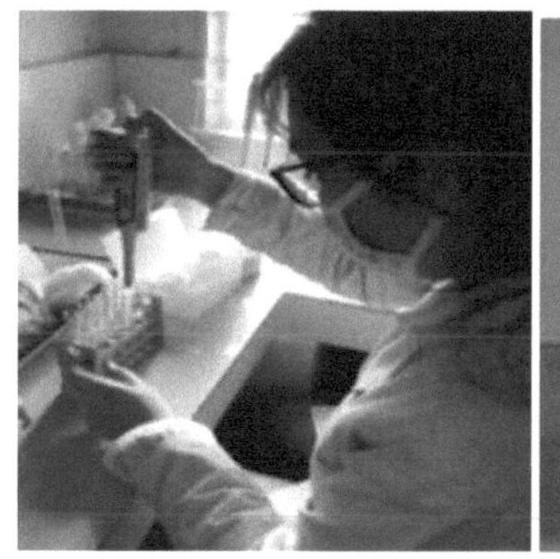 

**Serial dilution**

# CAPÍTULO: 7

## Determinação da atividade antibacteriana

A atividade antibacteriana foi investigada usando o método de difusão de Dick. As placas com a bactéria E. coli, S. aureus. B. subtilis e Pseudomonas foram preparados. 100 microlitros de cada foram colocados numa placa de Petri e espalhados com um espalhador em forma de L. O extrato em diferentes concentrações foi adicionado às placas.

Gentamicina, Amikacin, Cloxcacin, Disc foi tomado como controle positivo para E. coli, S. aureus, Pseudomonas, B. subtilis. Depois as placas bacterianas foram incubadas a 37 graus Celsius durante 24 horas. Após a incubação, todas as placas foram examinadas para uma zona de inibição e o diâmetro dessas zonas foi medido em cm.

- ☐ Procedimento: Leve a placa perti da autoclave.
- ☐ Verter o meio de cultura preparado para os pratos
- ☐ Água para solidificar os painéis.
- ☐ Por 100 microlitros do caldo de cultura para o prato Petri.
- ☐ Distribua o caldo de cultura no prato Petri usando o bastão em forma de L.
- ☐ Agora com a ajuda do Wellmaker. Faça 4 poços na placa, separados um do outro.
- ☐ Poros de 10 microlitros de extracto de cogumelos previamente preparados com as diferentes concentrações.

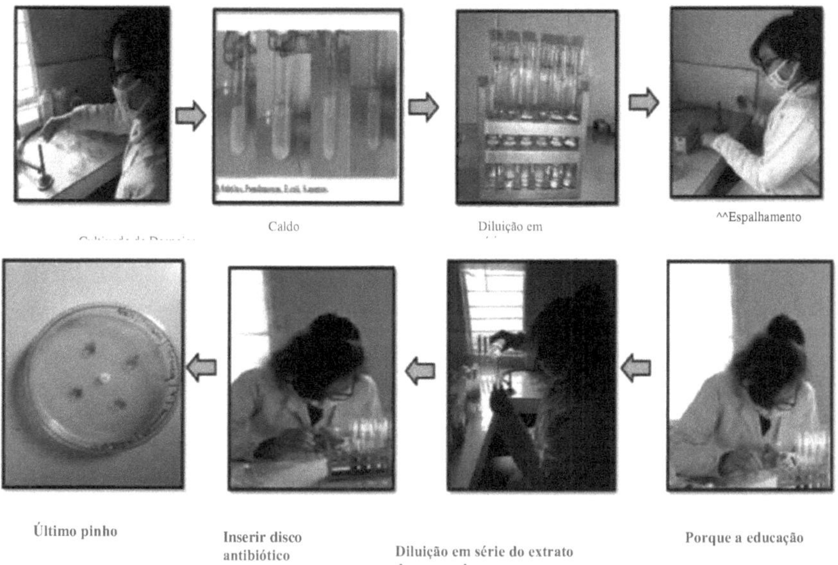

Caldo

Diluição em

^^Espalhamento

Último pinho

Inserir disco
antibiótico

Diluição em série do extrato
do cogumelo

Porque a educação

## Passos para os testes antimicrobianos

| Bacteria | Antibiotic |
| --- | --- |
| E.coli | Gentamycin |
| Pseudomonas | Amikacin |
| B. Subtilus | Cloxacillin |
| S. Auris | Gentamycin |

**Os discos antibióticos tomados contra as bactérias estão listados na tabela**

O procedimento passo a passo do teste antimicrobiano é o seguinte:

1. A deitar: Para realizar o teste antimicrobiano, o primeiro passo é derramar. O NAM autoclavado é derramado na placa Petri autoclavada e mantido até que o NAM não se torne mais sólido.
2. Caldo de cultura: Para esta cultura é utilizado um caldo nutritivo no qual as quatro diferentes bactérias são inoculadas e mantidas durante a noite na incubadora agitada.
3. Diluição em série: O caldo de nutrientes é diluído em série por um fator de 1:10, 1:100, 1:1000.
4. Espalhem-se: Pegar nas placas previamente preparadas, verter 10 microlitros com uma micropipeta e espalhar a cultura nas placas com uma vareta de vidro esterilizado em forma de L.
5. Formação de poços: Após a aplicação, pegue o formador do poço esterilizado e forme quatro poços na placa.
6. Diluição em série do extrato do cogumelo: O extrato do cogumelo previamente preparado é diluído com um fator de 1:9, 2:8, 3:7, 4:6.
7. Despeja: Verter o extrato do cogumelo no poço previamente formado no prato.
8. Coloque o disco: Coloque o disco testado na placa usando uma pinça esterilizada contra as bactérias.
9. Último passo: Finalmente, as placas são rotuladas com nome, lote, data de trabalho e a presença do inóculo.

Resultados da atividade antimicrobiana do fungo tubérculo foliar contra quatro tipos diferentes de bactérias                    .

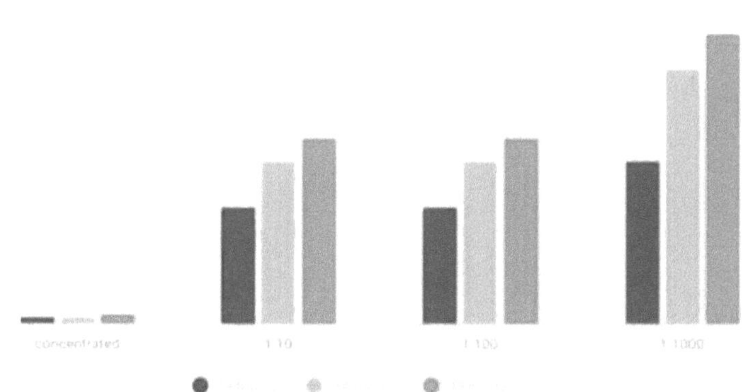

Antimicrobial activity of Button Mushroom against Pseudomonas

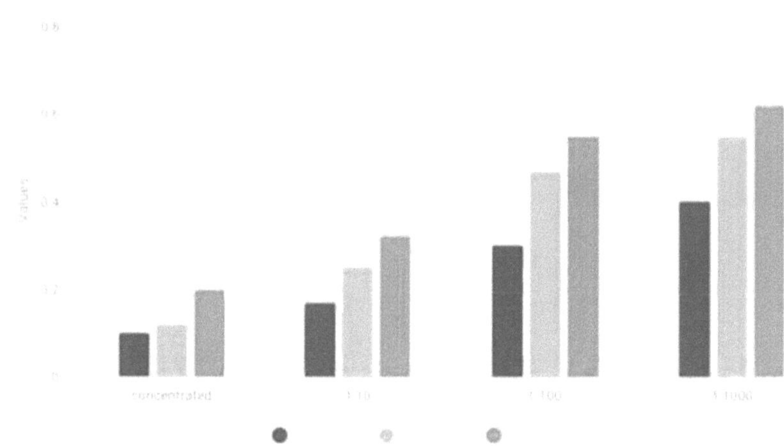

Atividade antimicrobiana do cogumelo botão contra E. coli

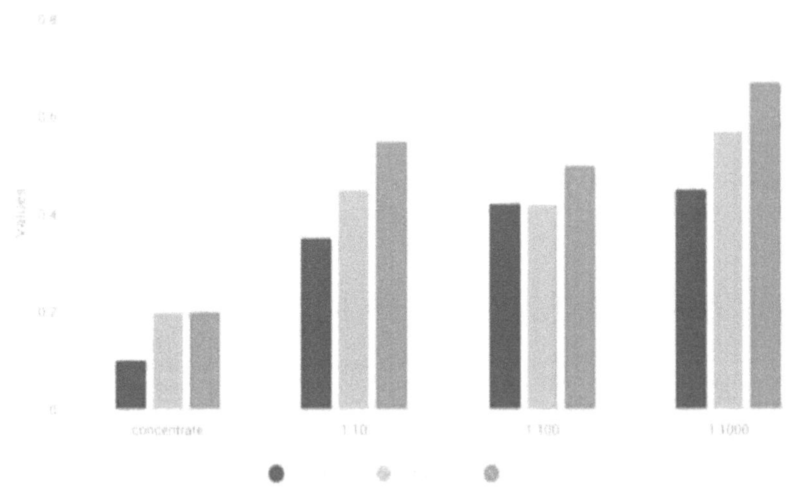

Actividade antimicrobiana do fungo tuberoso das folhas contra S. aureus

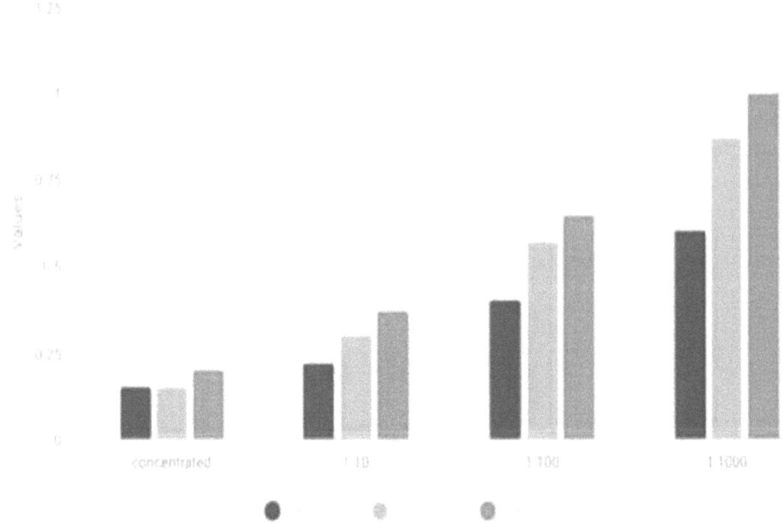

Atividade antimicrobiana do fungo foliar tuberoso para B. subtilus

Resultados da actividade antimicrobiana dos cogumelos ostra contra quatro bactérias diferentes.

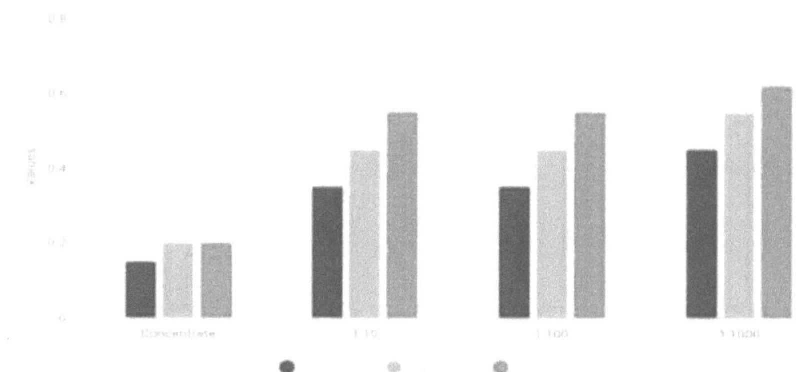

Atividade antimicrobiana do cogumelo ostra contra Pseudomonas

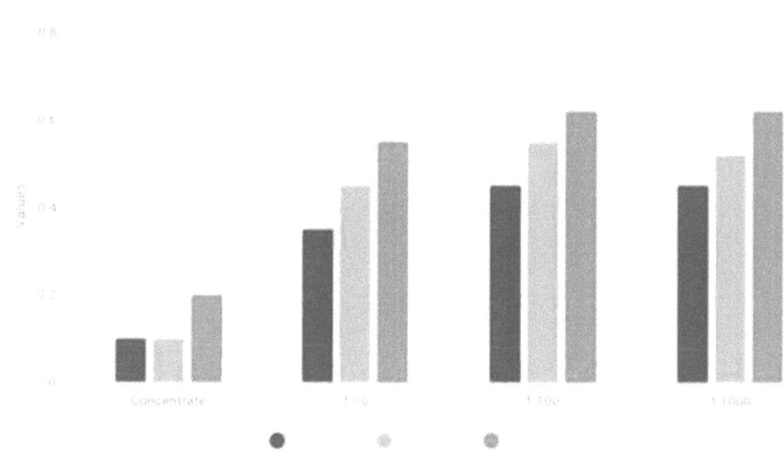

Atividade antimicrobiana do cogumelo ostra contra E. coli

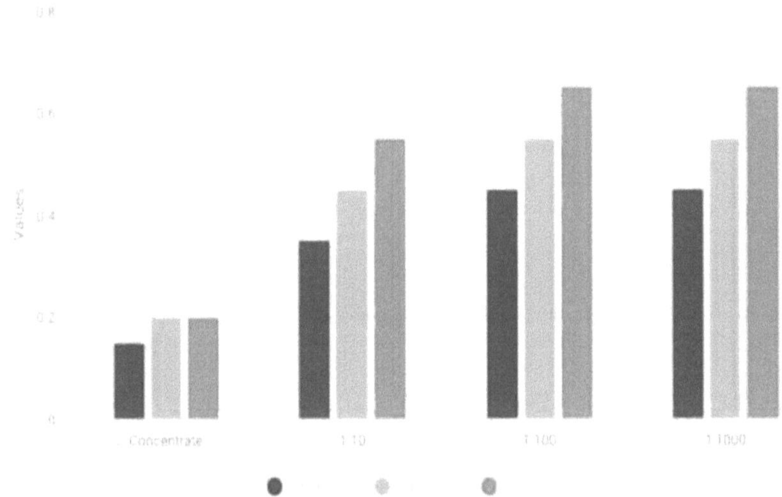

Atividade antimicrobiana do cogumelo ostra contra S. aureus

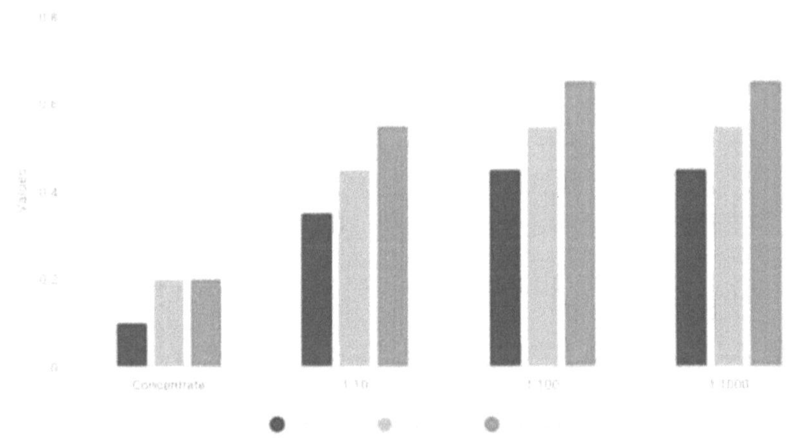

Atividade antimicrobiana do cogumelo ostra contra B. subtilus

# CAPÍTULO:8

## Rastreio fitoquímico preliminar dos cogumelos

### 1. Alcaloides

### 1.1. teste de Hager

Foi preparada uma solução saturada de ácido pícrico (TNP) e depois misturada com 2 ml do respectivo extracto. O aparecimento de uma cor amarela indicava a presença de alcalóides.

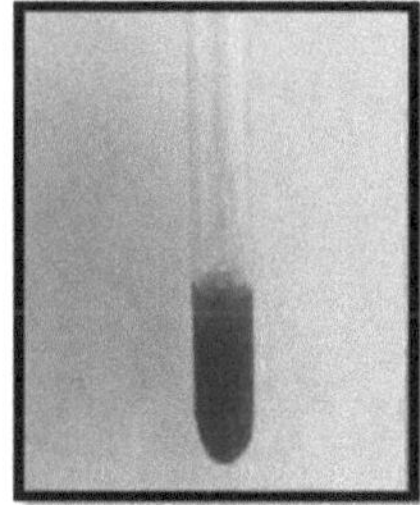

Resultado

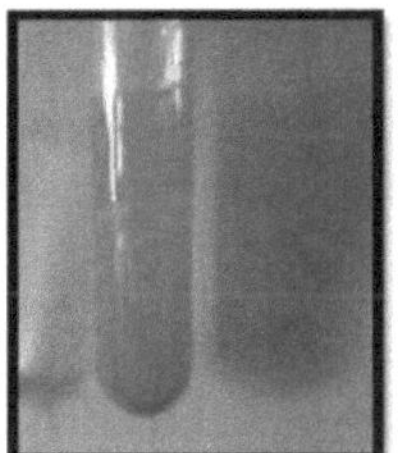

Resultado

### 2. Glicosídeos cardíacos

2 ml de extracto de cogumelos foram tratados com 2 ml de essência de vinagre contendo uma gota de solução de $FeCl_3$. Isto foi tratado com 1 ml de $H_2SO_4$ conc. Forma-se um anel marrom na interface, indicando a presença de propriedades de açúcar desoxídico do cardenolide.

Resultado positivo

Resultado

**3.** Foram adicionados 2 ml de extrato de **taninos** e algumas gotas de 1% de FeCl3; o aparecimento de pontos pretos-azulados na solução confirma o teste.

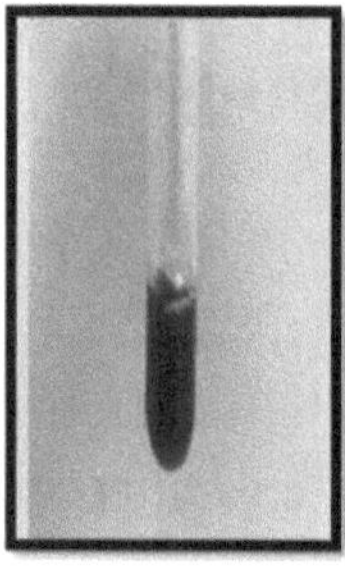

Resultado positivo

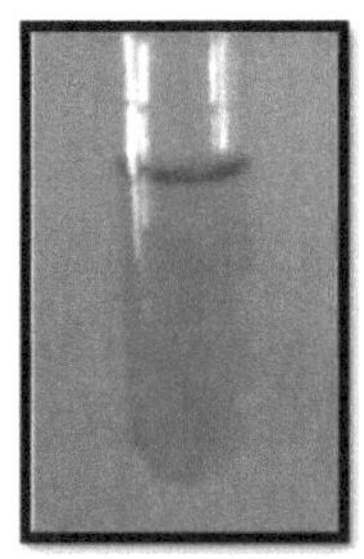

Resultado

## 4. Esteróides
## 4.1. teste de Salkowski

O clorofórmio foi adicionado ao extrato bruto seguido por algumas gotas de conc. H2SO4, agitado e misturado bem e deixado por algum tempo. A presença de esteróides foi confirmada pelo aparecimento de uma cor vermelha na camada inferior, enquanto que a presença de triterpenóides foi confirmada pela formação de uma camada de cor amarela.

Resultado

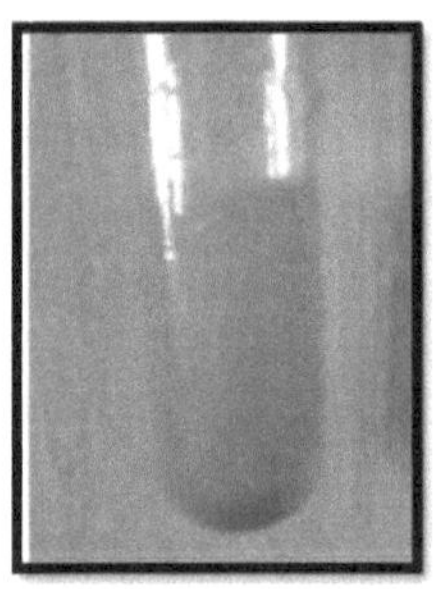

Negative result

## 5. Hidratos de Carbono
## 5.1. teste de Molisch

Em um tubo de ensaio, 2 ml da amostra foram colhidos e misturados com uma pequena quantidade de reagente Molisch (alfa-naftalol dissolvido em EtOH). O Conc. $H_2SO_4$ foi lentamente adicionado através da parede do tubo de ensaio para formar uma camada inferior. A formação de um anel azul-púrpura na junção confirma a presença de carboidratos.

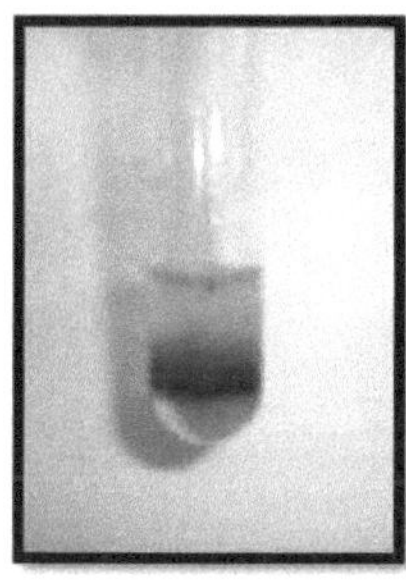

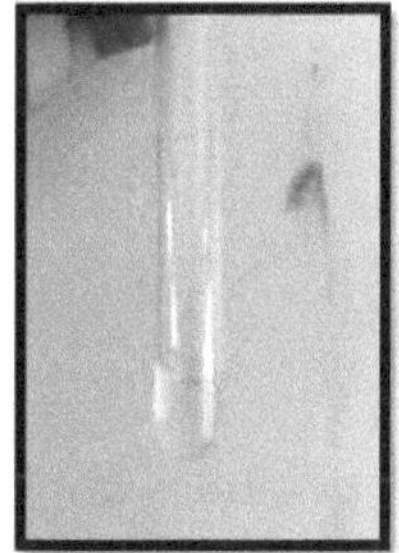

Resultado positivo

Resultado

## 6. Proteínas

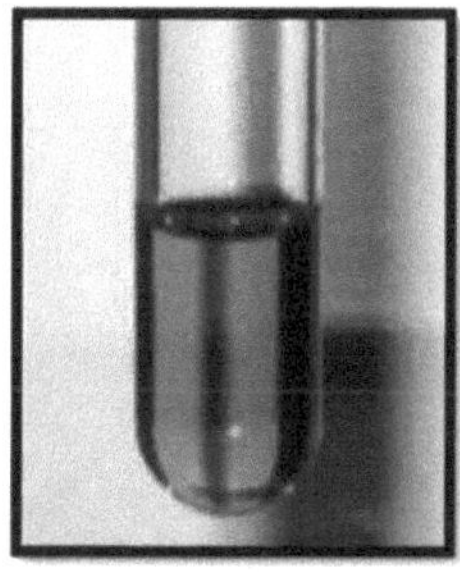

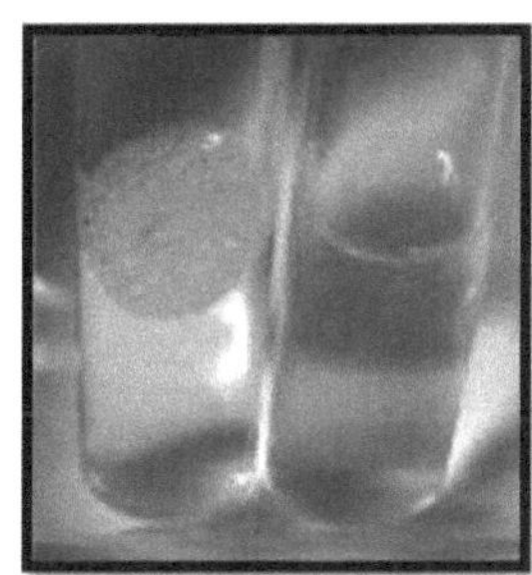

Resultado

Resultado

**6.1.** O **teste de ninidrina** 2 ml do extrato foi colocado em um tubo de ensaio e fervido com ninidrina (indano-1,2,3-tri-hidrato). A aparência de uma cor violeta confirma o teste.

## 6.4 Teste de água com bromo (composto fenólico)

Foi adicionada água de bromo para testar a solução. Presença de ppt amarelo
confirma o teste.

Resultado

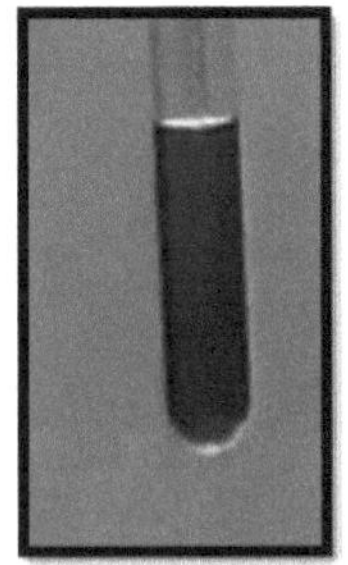

Resultado

## 7. Terpenóides 2 ml de extrato foram tratados com 2 ml de clorofórmio e o conc. H2SO4 foi cuidadosamente adicionado para formar uma camada. Uma coloração castanho-avermelhada na interface confirma a presença de terpenóides.

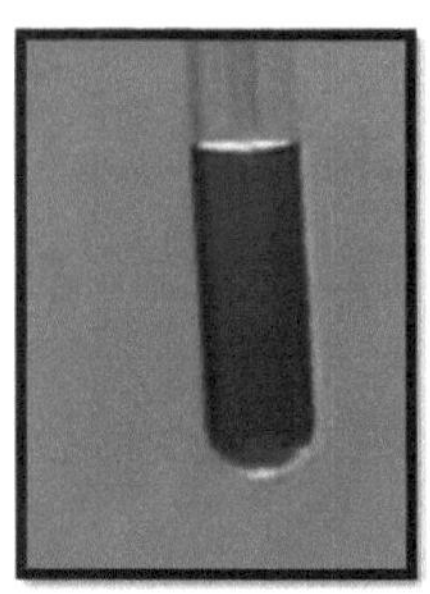

Resultado

Resultado negativo

## 8.  Flavonóides

Ao extrato foram adicionados 2 ml de NaOH a 2%, resultando em um
 cor, que depois desaparece.

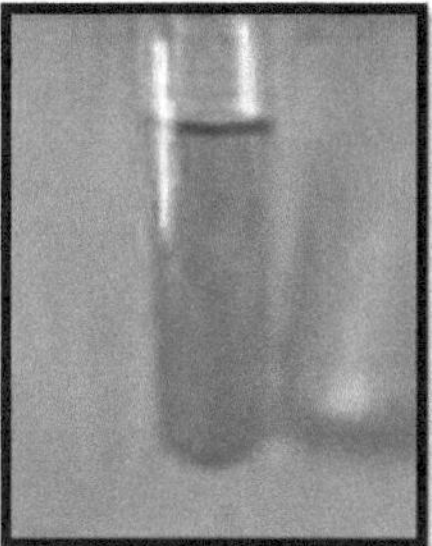

Resultado

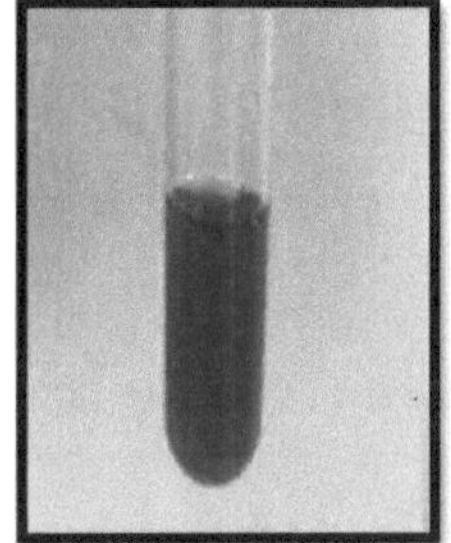

Resultado

# Capítulo:9

## Resultado dos testes fitoquímicos

| Teste | Resultado |
| --- | --- |
| Alcaloides (Teste de Hager) | Positivo |
| Glicosídeos cardíacos | Positivo |
| Taninos | Positivo |
| Esteróides (Teste Salkowski) | Positivo |
| Carboidratos (teste de Molisch) | Positivo |
| Proteínas (teste de ninidrina) | Positivo |
| composto fenólico (água de bromo) | Positivo |
| Terpenoides | Positivo |
| Flavonóides | Negativo |

## Tabela para o rastreio fitoquímico preliminar do cogumelo

| Teste | Resultado |
| --- | --- |
| Alcaloides (Teste de Hager) | Positivo |
| Glicosídeos cardíacos | Positivo |
| Taninos | Positivo |
| Esteróides (Teste Salkowski) | Positivo |
| Carboidratos (Molisch's Teste) | Positivo |
| Proteínas (teste de ninidrina) | Positivo |
| composto fenólico (água de bromo) | Positivo |
| Terpenoides | Positivo |
| Flavonóides | Negativo |

**Tabela para o rastreio fitoquímico preliminar do cogumelo ostra**

# Conclusão

O cultivo do cogumelo é uma das mais importantes tecnologias de fermentação após a fermentação da levedura. Economicamente, o cultivo de cogumelos desempenha um papel importante, pois não só fornece alimentos de boa qualidade, mas também ajuda no tratamento dos bio-resíduos agrícolas, pois sabemos que o cultivo de cogumelos necessita de um substrato e que os resíduos agrícolas são utilizados como substrato. Não só fornece cogumelos de boa qualidade, como também recicla os produtos residuais da agricultura. O amónio da natureza também é utilizado na preparação do substrato para o cultivo de cogumelos.

Os cogumelos são um dos alimentos que contêm muitas vitaminas, proteínas e carboidratos. O cogumelo é o único alimento que contém vitamina D, que é a vitamina mais importante para a construção de uma boa imunidade.

O cultivo de cogumelos não é apenas um alimento de alta qualidade, mas também uma ideia de negócio muito boa. Muitos agricultores cultivam cogumelos nas suas quintas e podem assim gerar rendimentos adicionais. Portanto, o cultivo de cogumelos é muito importante em todos os aspectos, tanto para a economia como para a alimentação e os negócios. Se forem feitos esforços para desenvolver

a tecnologia do cultivo de cogumelos, ela pode se tornar
um meio de subsistência para muitas pessoas.

# Referências


1. https://www.researchgate.net/publication/338071033 Cultura de espaço de cogumelos ostra em diferentes sistemas de produção Uma visão geral

2. Atila F. Avaliação da aptidão dos diferentes resíduos agrícolas para Produtividade de *Pleurotusdjamor*, *Pleurotus citrinopileatus* e fungos *Pleurotus eryngii*. *J Exp Agric Int*. 2017;17(5):1-11. doi: 10.9734/JEAI/2017/36346. [CrossRef] [Google Scholar].

3. Bhattacharjya DK, Paul RK, Miah MN, Ahmed KU. Estudo comparativo da composição nutritiva dos pleurotos (*Pleurotus ostreatus* Fr.) cultivados em diferentes substratos de serradura. *Biores Commun*. 2015;1(2):93-98. [Google Scholar.]

4. Bird JK, Murphy RA, Ciappio ED, McBurney MI. Risco de Deficiências de múltiplos micronutrientes simultâneos em crianças e adultos nos Estados Unidos. *Nutrientes*. 2017;9(7):655. doi: 10.3390/nu9070655. [PMCfreearticle] [PubMed] [CrossRef] [Google Scholar]

# OBRIGADO

# I want morebooks!

Buy your books fast and straightforward online - at one of world's fastest growing online book stores! Environmentally sound due to Print-on-Demand technologies.

Buy your books online at
**www.morebooks.shop**

Compre os seus livros mais rápido e diretamente na internet, em uma das livrarias on-line com o maior crescimento no mundo! Produção que protege o meio ambiente através das tecnologias de impressão sob demanda.

Compre os seus livros on-line em
**www.morebooks.shop**

KS OmniScriptum Publishing
Brivibas gatve 197
LV-1039 Riga, Latvia
Telefax: +371 686 204 55

info@omniscriptum.com
www.omniscriptum.com

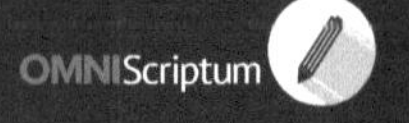

Printed by Books on Demand GmbH, Norderstedt / Germany